I0462497

ESTUDOS SOBRE ATRITO, GASES E DEFORMAÇÕES

Leandro Bertoldo

Dedicatória

Com todo carinho dedico este livro à minha amiguinha, queridinha e lindinha:

Fofa

"Século após século, a curiosidade dos homens os tem levado a procurar a árvore do conhecimento" (Conselhos Professores, Pais e Estudantes 12).

Ellen Gould White
Escritora, conferencista, conselheira, e educadora norte-americana.
(1827-1915)

Sumário

Dados biográficos
Prefácio

Dados biográficos

Leandro Bertoldo é o primeiro filho do casal José Bertoldo Sobrinho e Anita Leandro Bezerra. Tem um irmão chamado Francisco Leandro Bertoldo. Os dois seguiram a carreira no judiciário paulista, incentivados pelo pai, que via algo de desejável na estabilidade do serviço público.

Leandro fez as faculdades de Física e de Direito na Universidade de Mogi das Cruzes – UMC. Seu interesse sempre crescente pela área das exatas vem desde os seus 17 anos, quando começou a escrever algumas teses sérias a respeito do assunto. Em 1995, publicou o seu primeiro livro de Física, que foi um grande sucesso entre os professores universitários. O seu comprometimento com o Direito é resultado de suas atividades junto ao Tribunal de Justiça do Estado de São Paulo.

Leandro casou-se duas vezes e teve uma linda filha do primeiro matrimônio chamada Beatriz Maciel Bertoldo. Sua segunda esposa Daisy Menezes Bertoldo tem sido sua grande companheira e amiga inseparável de todas as horas. Muitas de suas alegrias são proporcionadas pelos seus amados cachorros: Fofa, Pitucha, Calma e Mimo.

Durante sua carreira como cientista contabilizou centenas de artigos e dezenas de livros, todos defendendo teses originais em Física e Matemática, destacando-se: "Teoria Matemática e Mecânica do Dinamismo" (2002); "Teses da Física Clássica e Moderna" (2003); "Cálculo Seguimental" (2005); "Artigos Matemáticos" (2006) e "Geometria Leandroniana" (2007), os quais estão sendo discutidos por vários grupos de pesquisas avançadas nas grandes universidades do país.

Prefácio

Constituído por uma coletânea de 18 artigos científicos originais produzidos pelo autor nos anos de 1980 a 1984, 1993, 1994 e 1996, o livro considera o estudo de três temas fundamentais ao desenvolvimento da física: o atrito, os gases e as deformações em geral.

Todos os artigos apresentados nesta obra encontram-se estruturados no rigoroso método científico-matemático. Este livro, pela primeira vez, exibe ao público pesquisador vários conceitos inéditos e revolucionários no campo da ciência física.

A primeira parte desta produção científica é formada por sete artigos. Ela trata do atrito, do desgaste, da dissipação, da resistência etc. A segunda parte do livro é constituída por quatro artigos e considera o estudo dos gases ideais, analisando alguns conceitos da Teoria Cinética Clássica e defende a Tese da Cinética Relativística. A terceira e última parte da obra é constituída por sete artigos que analisa as deformações de diferentes materiais, os choques elásticos e o estudo do amortecimento no movimento harmônico simples.

É o sincero desejo do autor que as inovações aqui apresentadas possam contribuir com o crescimento intelectual do leitor, levando-o a refletir e a desenvolver novos conceitos e generalizações que venham enriquecer a ciência.

Mogi das Cruzes/SP.

leandrobertoldo@ig.com.br

1. Atrito de Risco

1. Introdução

Nos livros científicos, o atrito é apresentado sob a forma relativa e não sob a forma individual e absoluta. Com isto quero dizer que se costuma estudar o atrito existente entre dois corpos deslizando um sobre o outro, o que resulta num coeficiente de atrito relativo entre as superfícies, em vez de se procurar o coeficiente de atrito absoluto de cada superfície em particular.

2. Método

O estudo do atrito que apresentei em 1980, foi denominado simplesmente atrito de risco e simbolizado por (**LB**), é o tipo de cálculo de atrito mais simples e barato que pode ser usado na Engenharia.

O ensaio de atrito de risco consiste em comprimir com uma força constante (**F**) um giz, ou grafite ou carvão (em condições de umidade e temperatura fixadas), sobre a superfície que se deseja conhecer o atrito; em seguida com o giz ou qualquer outra substância padrão, (no caso fixei o giz), deve-se traçar um risco retilíneo que se prolongará até um determinado comprimento (**d**) fixado, numa velocidade constante (**V$_d$**), também fixada. Ao completar as referidas especificações, verifica-se que o giz sofreu um desgaste permanente devido ao atrito entre o mesmo e a superfície, roçando um sobre a outra; sendo que o referido desgaste é medido por intermédio de um micrômetro óptico. Como o giz é o elemento de referência convencional nas medidas dos atritos de todas as superfícies que serão estudadas, logicamente deve-se concluir que tais medidas serão relativas ao atrito do giz.

O atrito de risco é definido por um número puro e naturalmente pode ser expresso em termos de porcentagem. Defino o atrito de risco como sendo igual ao quociente do desgaste (**D**), sofrido pelo giz, inverso pelo comprimento (**d**) do risco feito pelo giz. Simbolicamente, o referido enunciado é expresso por:

$$LB = D/d = D/(V_d \cdot \Delta t) = V_D \cdot \Delta t/V_d \cdot \Delta t = V_D/V_d$$

Tal expressão permite afirmar que o giz ao traçar o risco de comprimento (**d**) numa velocidade constante (V_d), gasta um intervalo de tempo caracterizado por ($\Delta t = d/V_d$). Naturalmente, o giz apresenta um desgaste (**D**) que ocorre numa velocidade (V_d) no mesmo intervalo de tempo da expressão anterior; ou seja:

$$\Delta t = d/V_d = D/V_D$$

Então proponho que o giz seja impresso com uma intensidade de força fixada em (**F = 10.000 dinas**) e traçar um risco fixado em (**d = 100 centímetros**) numa velocidade de (**V_d = 10 centímetros por segundo**). Naturalmente tais valores fixados podem ser modificados no sentido de facilitar o ensaio numa superfície que apresente altíssima asperosidade ou então uma asperosidade muito baixa.

3. Asperosidade

A definição de áspero implica em algo que não tem superfície lisa, que não é macio. Desse modo ao comparar atrito com áspero, nota-se que existe uma diferença bem significativa. Por exemplo, uma folha de papel é lisa e, portanto não é áspera, entretanto tal folha apresenta um atrito, caso contrário o lápis ou giz não riscaria tal forma.

Desse modo, posso concluir que algo pode ser considerado áspero quando o atrito de uma superfície atinge um determinado nível e se estende ao infinito. Assim, representado a grandeza chamada de asperosidade por (**A**) e o atrito de risco por (**LB**), posso escrever que:

$$A \geq LBx$$

Tal equação afirma que a asperosidade (**A**) de uma superfície é maior ou igual ao atrito de risco (**LB**), a partir de um determinado valor (**x**).

2. Desgaste por Atrito

1. Introdução

Um corpo ao roçar numa superfície com um determinado grau de atrito sofre um desgaste permanente. Assim, o objetivo do presente artigo consiste em estabelecer um método simples e prático na dedução do coeficiente de desgaste por atrito que caracteriza a matéria.

2. Método

O fenômeno de desgaste da matéria estudado em 1982, foi denominado por desgaste por atrito, o qual foi simbolizado por (**JL**). Trata-se de um ensaio econômico e prático que pode ser empregado facilmente e com toda segurança.

O ensaio de desgaste por atrito consiste em comprimir com uma força constante e fixada (**F**) um corpo de prova (como por exemplo, a madeira) sobre uma superfície convencional de atrito perfeitamente determinada e fixada (como exemplo uma lixa), em seguida deve-se deslocar esse corpo de prova retilineamente sobre a lixa, até completar o comprimento de deslocamento fixado (**d**), numa velocidade constante (**V$_d$**) e fixada. Ao completar as referidas especificações verifica-se que o corpo de prova sofreu um desgaste permanente. Como agora a lixa é o elemento de referência, então todas as medidas de desgastes são relativas ao atrito ou aspereza da lixa.

O desgaste por atrito é definido por um número puro e naturalmente pode ser expresso em termos de porcentagem. Defino o desgaste por atrito como sendo igual ao quociente do comprimento desgastado (**D**) do corpo de prova, inverso pelo comprimento do deslocamento (**d**) do corpo de prova sobre a lixa. O referido enunciado é expresso simbolicamente por:

$$JL = D/d$$

A referida expressão é a mesma que define o atrito de risco, entretanto a diferença encontra-se no método operacional. No cálculo do atrito de risco, o giz ou a grafite eram os elementos de referência e que medem o atrito de todas as superfícies elementares. Já no cálculo de desgaste por atrito, a superfície (lixa) é o elemento de referência e o giz, grafite, madeira e outros são os corpos de prova que sofrerão as consequências da medida de desgastes.

Então proponho que o corpo de prova seja impresso com uma intensidade de força fixada em ($F = 10.000$ dinas) e deslocar uma distância equivalente a ($d = 100$ cm) numa velocidade de ($V_d = 10$ cm/s), quanto à lixa com sua asperosidade, deve ser escolhida a mais adequada, tendo em vista a maioria ou média dos corpos de provas considerados num determinado ensaio.

Evidentemente as especificações de tais medidas podem ser modificadas no sentido de aperfeiçoar o ensaio.

3. Leis do Desgaste de Escorregamento

a) O desgaste somente aparece quando existe a ação de força de atrito dinâmico.

b) O desgaste independe da área da superfície de contato do corpo de prova.

c) O desgaste, dentro de certos limites, independe da velocidade que o corpo de prova se desloca sobre a superfície áspera.

d) O desgaste (**D**) é proporcional à intensidade das forças normais (**N**). Simbolicamente, posso escrever que:

$$D = \alpha \cdot N$$

e) O desgaste (**D**) é proporcional à distância (**d**) de deslocamento de corpo de prova sobre a superfície. Posso escrever que:

$$D = k \cdot d$$

f) O desgaste (**D**) é proporcional ao coeficiente de atrito dinâmico (μ_d). Desse modo vem que:

$$D = b \cdot \mu_d$$

g) Baseado nas três últimas leis, posso concluir que o desgaste (**D**) é proporcional (**a**) à intensidade das forças normais (**N**), e ao deslocamento (**d**) e ao coeficiente de atrito dinâmico (μ_d). Simbolicamente, o referido enunciado é expresso por:

$$D = a \cdot N \cdot d \cdot \mu_d$$

Onde a constante de proporcionalidade (**a**) é denominada por *coeficiente de desgaste*.

3. Dissipação de Fenômenos na Resistência

1. Introdução

Quando um móvel encontra resistência em seu movimento, partes dos fenômenos que envolvem o referido movimento são dissipadas.

O primeiro fenômeno que se observa em um corpo que se move num meio resistente é a variação em sua velocidade.

Desse modo defino o conceito de velocidade dissipada (**v**) devido à resistência do meio, como sendo igual à velocidade que o referido móvel possuiria caso estivesse deslocando-se no vácuo (**V**) pela diferença da velocidade (**V$_R$**) que apresenta ao se deslocar no meio resistente.

Simbolicamente, o referido enunciado é expresso por:

$$v = V - V_R$$

Tal equação é fundamental no presente artigo. Ela representa a base de todas as equações que vou apresentar.

2. Energia Dissipada

A energia cinética de um corpo é igual à metade do valor da massa (**m**) do corpo em produto com o quadrado da velocidade que apresenta.

Simbolicamente, o referido enunciado é expresso por:

$$E = m \cdot V^2/2$$

Logicamente a energia dissipada (**W**) será expressa pela seguinte relação:

$$W = m . V^2/2$$

Assim, posso escrever que:

$$W = m . (V - V_R)^2/2$$

Desenvolvendo a referida expressão, vem que:

$$W = (m/2) . (V^2 + V_R^2 - 2V . V_R)$$

Tal expressão permite escrever que:

$$W = (m/2) . [(V^2 + V_R^2) . (1 - (2V/V_R)]$$

Também, posso estabelecer a seguinte verdade:

$$W = m . V^2/2 + m . V_R^2/2 - 2V . V_R . m/2$$

Assim, vem que:

$$W = m . V^2/2 + m . V_R^2/2 - V . V_R . m$$

A energia (**E**) que o corpo apresentaria no vácuo, é expressa por:

$$E = m . V^2/2$$

A energia (**T**) que o corpo apresenta ao se deslocar no meio resistente é expressa por:

$$T = m . V_R^2/2$$

Substituindo convenientemente as três últimas expressões, resulta que:

$$W = E + T - V \cdot V_R \cdot m$$

Posso escrever que:

$$2E/V = m \cdot V$$

Substituindo convenientemente as duas últimas expressões, vem que:

$$W = E + T - 2E \cdot V_R/V$$

Logo, resulta que:

$$W = T + E \left(1 - (2V_R/V)\right)$$

3. Quantidade de Movimento Dissipada

A quantidade de movimento (**Q**) de um corpo é igual ao produto existente entre a massa (**m**) do corpo e a velocidade (**V**) do mesmo.

Simbolicamente, o referido enunciado é expresso por:

$$Q = m \cdot V$$

Torna-se evidente que a quantidade de movimento (**q**) dissipada é expressa por:

$$q = m \cdot V$$

O que permite escrever:

$$q = m \cdot (V - V_R)$$

Devolvendo tal expressão, posso escrever que:

$$q = m . V - m . V_R$$

Onde, a quantidade de movimento que o corpo apresentaria no vácuo é expressa por:

$$Q = m . V$$

E, onde a quantidade de movimento que o corpo apresenta no meio resistente é expressa por:

$$Q_R = m . V_R$$

Substituindo convenientemente as três últimas expressões, vem que:

$$q = Q - Q_R$$

4. Força Dissipada

A intensidade de força (**F**) que um corpo apresenta é igual à massa (**m**) do mesmo em produto com a velocidade (**V**) do corpo, inverso pela variação de tempo (**Δt**).
O referido enunciado é expresso por:

$$F = m . V/\Delta t$$

Então, torna-se evidente que a intensidade de força dissipada (**f**) é expressa por:

$$f = m . v/\Delta t$$

Logo, posso escrever que:

$$f = m \cdot (V - V_R)/\Delta t$$

Naturalmente, tal expressão permite escrever que:

$$f = (m \cdot V/\Delta t) - (m \cdot V_R/\Delta t)$$

Porém, a intensidade de força (**F**) que o corpo apresentaria no vácuo é expressa por:

$$F = m \cdot V/\Delta t$$

A intensidade de força resistente (**F$_R$**) que o corpo apresenta ao se deslocar no meio resistente é expressa por:

$$F_R = m \cdot V_R/\Delta t$$

Substituindo convenientemente as três últimas expressões, vem que:

$$f = F - F_R$$

Tais conceitos apresentam características universais, com isto estou querendo dizer que podem ser aplicadas em qualquer meio que exerça certa resistência mecânica, desde o atrito até a resistência do ar.

4. Atrito

1. Introdução

Considere uma superfície plana que constitui o plano inclinado, quando forma um ângulo (θ) com a horizontal.
A física mostra que:

$$F = p \cdot h/L$$

Onde a letra (F) representa a força resultante, a letra (p), representa o peso do corpo, a letra (h), representa a altura do plano inclinado e a letra (L), representa o comprimento do plano.
Evidentemente a energia resultante em relação ao plano horizontal, pode ser expressa por:

$$W = F \cdot L$$

Substituindo convenientemente as duas últimas expressões, vem que:

$$W = p \cdot h \cdot L/L$$

Ao eliminar os termos em evidência, resulta que:

$$W = p \cdot h$$

Ou seja, a energia potencial do corpo no plano inclinado em relação ao horizontal é igual ao peso de tal corpo multiplicado pela altura do plano.
Evidentemente a energia potencial tem que ser igual à energia cinética do corpo no fim do plano (na ausência de forças dissipativas).
Simbolicamente, o referido enunciado é expresso por:

$$W = m . V^2_f/2 = p . h$$

Onde a letra (**m**), representa a massa do corpo, e a letra (**V$_f$**), representa a velocidade do corpo final do plano.

Ocorre que em um plano inclinado constituindo por forças dissipativas (atrito) a energia potencial é maior que a energia cinética final.

Simbolicamente, o referido enunciado é expresso por:

$$\text{com atrito} \Rightarrow p . h > m . V^2_f/2$$

Logo, posso afirmar que a energia dissipada no atrito é igual à diferença matemática existente entre a energia potencial pela energia cinética.

Simbolicamente, pode-se escrever que:

$$E_r = (p . h) - (m . V^2_f/2)$$

Ocorre que o passo de um corpo é igual à massa (**m**) do mesmo pela aceleração (**g**) gravitacional.

Simbolicamente, pode-se escrever que:

$$p = m . g$$

Substituindo convenientemente as duas últimas expressões, vem que:

$$E_r = (m . g . h) - (m . V^2_f/2)$$

Portanto, vem que:

$$E_r = m . [(g . h) - (V^2_f/2)]$$

2. Equação da Força de Resistência

Um corpo com uma velocidade inicial (V_0), desloca-se em um plano horizontal que apresenta atrito. Evidentemente, após um intervalo de tempo, o corpo entra em repouso devido às forças de atrito.

A velocidade que resulta é expressa pela seguinte equação:

$$V_r = V_0 - \alpha \cdot t$$

Onde (V_r), representa a velocidade que resulta, (V_0) é a velocidade inicial do móvel, (α) representa a aceleração de frenagem do atrito e (t), representa o intervalo de tempo. Evidentemente, com relação a tal expressão, posso escrever que:

$$V_0 - V_r = \alpha \cdot t$$

Logo, vem que:

$$V_0 - V_r/t = \alpha$$

Ocorre que a definição de força, implica que a mesma é igual ao produto existente entre a aceleração pela massa. Simbolicamente, pode-se escrever que:

$$F = m \cdot \alpha$$

Substituindo convenientemente as duas últimas expressões, vem que:

$$F_r = m \cdot \alpha = m \cdot (V_0 - V_r/t)$$

Ocorre que a quantidade de movimento inicial é expressa por:

$$Q_0 = m \cdot V_0$$

A quantidade de movimento que resulta até o móvel entrar em repouso é expressa por:

$$Q_r = m \cdot V_r$$

Logo, posso concluir que:

$$F_r = (Q_0 - Q_r)/t$$

5. Definição de Força de Atrito

1. Introdução

A força de atrito é uma força de resistência, cuja tendência é oposta ao movimento relativo dos corpos. No vácuo não há atrito. A força que atua num corpo é expressa pela segunda lei de Newton. Ou seja, a força (**F**) que atua sobre um corpo em movimento no vácuo é igual ao produto de sua massa (**m**) pela aceleração (α) adquirida.

Simbolicamente, pode-se escrever que:

$$F = m \cdot \alpha$$

Entretanto, se ocorrer o aparecimento de uma força de atrito, esta tende a opor-se ao movimento do móvel.

Logo, a força que resulta (**F$_r$**) é igual à força aplicado no móvel (**F**) menos o valor da força de atrito (**f**).

Simbolicamente, pode-se escrever que:

$$F_r = F - f$$

Portanto, pode-se escrever que:

$$f = F - F_r$$

Evidentemente a força resultante é caracterizada por uma aceleração menor do que aquela que o móvel apresentava no vácuo. De tal forma que posso escrever:

$$F_r = m \cdot a$$

Substituindo convenientemente as referidas expressões, obtém-se que:

$$f = (m \cdot \alpha) - (m \cdot a)$$

$$f = m \cdot (\alpha - a)$$

Portanto, toda vez que a aceleração do móvel diminuir em relação aquela que ele possuiria no vácuo; então o móvel sofre a ação de uma força de oposição que pode ser de atrito ou qualquer outra.

6. Atrito Dinâmico

1. Introdução

Para fazermos algumas considerações sobre o atrito dinâmico, considere um móvel que desliza sobre um plano horizontal rígido. Nestas condições, o móvel gradualmente diminui de velocidade até entrar em repouso. Isto ocorre porque o atrito entre o móvel e o plano horizontal rígido dissipa a energia cinética. As experiências têm demonstrado que quanto menor for o atrito, a velocidade do móvel decresce a uma taxa cada vez menor e percorrer uma maior distância, antes de entrar em repouso.

Da referida experiência pode-se deduzir o seguinte:

a) O atrito dinâmico é caracterizado por uma força de resistência ao movimento;

b) No atrito dinâmico o módulo da velocidade do móvel decresce com o tempo;

c) No atrito dinâmico, o movimento é retardado;

d) No atrito dinâmico ideal, a aceleração de retardamento permanece constante.

2. Definições Matemáticas

A energia cinética inicial é aquela que o móvel apresenta antes de entrar numa região com atrito.
Simbolicamente, é caracterizado por:

$$E_0 = m \cdot V_0^2/2$$

Onde, a letra (E_0) representa a energia cinética inicial; a letra (V_0) representa a velocidade inicial e a letra (**m**) representa a massa do móvel.

A energia cinética residual é aquela que o móvel apresenta em qualquer instante após entrar numa região de atrito. Simbolicamente, é caracterizada por:

$$E = m . V^2/2$$

A energia dissipada é caracterizada como sendo a diferença matemática entre a energia cinética inicial, pela energia cinética residual.

Simbolicamente, o referido enunciado é expresso por:

$$W = E_0 - E$$

Substituindo convenientemente as três últimas expressões, resulta que:

$$W = (m . V^2_0/2) - (m . V^2/2)$$

$$W = (m/2) . (V^2_0 - V^2)$$

3. Potência

A potência é definida genericamente como sendo igual ao quociente da energia, inversa pelo tempo. Portanto, pode-se definir a potência residual, como sendo igual ao quociente da energia residual, inversa pelo tempo decorrido desde o início da dissipação da energia até um instante considerado.

Simbolicamente, o referido enunciado é expresso por:

$$p = E/t$$

Como: $(E = m . V^2/2)$, pode-se escrever:

$$p = m . V^2/2t$$

Também se pode definir a potência dissipada como sendo igual à energia dissipada pelo intervalo de tempo decorrido na dissipação.

Simbolicamente, pode-se escrever que:

$$p_d = W/t$$

Como: $(W = E_0 - E)$, vem que:

$$p_d = (E_0 - E)/t$$

Também, dentro destas considerações, pode-se concluir:

$$E_0 = (p_d + p) . t$$

4. Rendimentos

No estudo do atrito é conveniente definir o rendimento dissipado e o rendimento residual. Portanto, o rendimento dissipado é definido como sendo igual à relação matemática entre a potência dissipada pela potência inicial à qual o móvel estava submetido antes de entrar na região de atrito.

Simbolicamente, pode-se escrever que:

$$n = p_d/p_0$$

Já o rendimento residual é definido como sendo igual à relação matemática existente entre a potência residual pela potência inicial do móvel.

Simbolicamente, pode-se escrever que:

$$N = p/p_0$$

Somando as duas grandezas, obtém-se:

$$n + N = (p_d/p_0) + (p/p_0) = [(p_d + p)/p_0] = p_0/p_0$$

Portanto, conclui-se que:

$$n + N = 1$$

5. Noções de Dissipavidade e Residualidade

Quando um móvel penetra numa região de atrito, a energia cinética do mesmo é parcialmente dissipada e parcialmente residual. Sendo (E_0) a energia cinética total, (W) é a parcela de energia dissipada e (E) é a parcela de energia residual, de modo que:

$$E_0 = W + E$$

Para avaliar que proporção de energia cinética sofre os fenômenos que resultam na energia residual e dissipada, defino as seguintes grandezas adimensionais:

a) Dissipavidade: $\qquad d = W/E_0$
b) Residualidade: $\qquad r = E/E_0$

Somando as duas grandezas, obtém-se:

$$d + r = W/E_0 + E/E_0 = (W + E)/E_0 = E_0/E_0$$

Portanto, conclui-se que:

$$d + r = 1$$

6. Relações Matemática de (d) e (r)

No presente artigo, foi apresentada a definição de residualidade como sendo expressa pela seguinte relação:

$$r = E/E_0$$

Porém, foram demonstradas as seguintes verdades:

a) $E = m . V^2/2$
b) $E_0 = m . V_0^2/2$

Substituindo convenientemente as três últimas expressões, vem que:

$$r = (m . V^2/2)/(m . V_0^2/2)$$

Portanto, resulta que:

$$r = (2m . V^2)/(2m . V_0^2)$$

Eliminando os termos em evidência, resulta que:

$$r = V^2/V_0^2$$

Portanto, a residualidade é igual à relação matemática existente entre a velocidade que o móvel apresenta numa região de atrito pela velocidade inicial que apresenta antes de entrar na região de atrito.

Pela equação de Evangelista Torricelli, pode-se escrever que:

$$V^2 = V_0^2 - 2\alpha . S$$

Onde (α) corresponde à aceleração de retardamento de atrito e (**S**) corresponde ao espaço percorrido na região de atrito.

Assim, substituindo convenientemente as duas últimas expressões, resulta que:

$$r = V^2/V^2_0 = (V^2_0 - 2\alpha . S)/V^2_0$$

Portanto, vem que:

$$r = 1 - (2\alpha . S/V^2_0)$$

No presente artigo foi definido o conceito de dissipavidade como sendo expresso pela seguinte relação matemática:

$$d = W/E_0$$

Porém, sabe-se que:

$$W = E_0 - E$$

Substituindo convenientemente as duas últimas expressões, vem que:

$$d = (E_0 - E)/E_0$$

Portanto, resulta que:

$$d = 1 - (E/E_0)$$

Também foi demonstrado que:

$$W = (m/2) . (V^2_0 - V^2)$$

Substituindo convenientemente a referida expressão na relação que define dissipavidade, pode-se escrever que:

$$d = [(m/2) \cdot (V^2_0 - V^2)]/(E_0/1)$$

Portanto, resulta que:

$$d = (m/2E_0) \cdot (V^2_0 - V^2_0)$$

7. Resistência a Serra

1. Introdução

A resistência a serra é uma propriedade mecânica da matéria que pode ser largamente empregada na especificação de materiais, nos estudos e pesquisas mecânicas e metalúrgicas e também, na comparação de diversos materiais.

2. Padronização

A padronização dos elementos que fundamentam o estudo da resistência a serra que a matéria apresenta, consiste no seguinte:

A) A matéria a ser verificada a resistência a serra deverá apresentar as seguintes condições específicas:
a_1) Forma definida (proponho a forma paralelepipédica);
a_2) Área de seção transversal padronizada (proponho três centímetros cúbicos);
a_3) Homogeneidade.

B) A serra deverá ser padronizada quanto ao seu emprego; ou seja:
b_1) Serra padronizada para serrar madeiras;
b_2) Serra padronizada para serrar metais;
b_3) Serra padronizada para serrar minerais.

Quanto à natureza da serra, a mesma também deverá ser padronizada; sugiro serras de aço ou de carboneto de tungstênio.

C) A serra deverá efetuar o sulco no metal em teste numa frequência constante, durante um dado intervalo de tempo padrão.

D) A pressão da serra sobre o metal deverá ter um valor padrão.

3. Ensaio

O ensaio de resistência a serra consiste em serrar numa determinada frequência, durante um dado intervalo de tempo, um paralelepípedo metálico.

Após o intervalo de tempo a serra terá provocado um sulco permanente no metal em estudo, tendo uma profundidade máxima (**d**), a qual deve ser medida por intermédio de um micrômetro óptico de profundidade.

A resistência a serra é definida em ciclo/mm, como o quociente entre o número de ciclos da serra, inversa pela profundidade do sulco.

Simbolicamente, o referido enunciado é expresso por:

$$R = n/d$$

A física mostra que a frequência é igual ao quociente do número de ciclos, inversa pela variação de tempo.

Simbolicamente, pode-se escrever que:

$$f = n/\Delta t$$

Portanto, substituindo convenientemente as duas últimas expressões, vem que:

$$R = f \cdot \Delta t/d$$

8. Os Gases

1. Introdução

Considere um sistema termicamente isolado do meio ambiente, constituído por dois recipientes (**A**) e (**B**), inicialmente separado. Se num deles (**A**), existe um gás perfeito de massa (m_A) e, no outro (**B**), um gás perfeito de massa (m_B), nas seguintes circunstâncias ($m_A > m_B$), ($p_A > p_B$); então, ao retirar a separação, ocorre uma expansão de gás do primeiro para o segundo recipiente, até que se estabeleça o equilíbrio ($p_A = p_B$).

Portanto, pode-se enunciar o seguinte princípio: *O estado final de equilíbrio caracterizado por uma igualdade de pressão dos gases constitui o equilíbrio isobárico.*

Logo, dois gases em equilíbrio isobárico apresentam obrigatoriamente pressões iguais. Então, se um gás (**A**) apresenta um equilíbrio isobárico com um gás (**C**) e um gás (**B**) também está em equilíbrio isobárico com o gás (**C**), então se pode inferir que, os gases (**A**) e (**B**) estão em equilíbrio isobárico entre si. Assim, pode-se concluir que: *Se dois gases estão em equilíbrio isobárico com um terceiro, então eles apresentam um equilíbrio isobárico entre si.*

2. Equilíbrio Entre Gases e a Energia Cinética

Considere, novamente, os dois recipientes (**A**) e (**B**), inicialmente separados. Cada recipiente contém um gás, no qual as moléculas tem uma energia cinética (E_A) e (E_B). Ao ligarmos os dois recipientes, a diferença de pressão entre os gases determina a movimentação das moléculas do gás. Tal fenômeno é transitório, cessando, quando ocorre a igualdade de pressão, ou seja, quando for estabelecido o *equilíbrio isobárico* entre os recipientes. Nesta situação, seja (**p**) a pressão comum e (**E'$_A$**) e (**E'$_B$**) as novas energias cinéticas dos recipientes. Portanto:

$$E'_A + E'_B = E_A + E_B$$

Porém, sabe-se que:

a) $E'_A = 3p.V_A/2$
b) $E'_B = 3p.V_B/2$

Onde a letra (**V**) representa o volume do recipiente. Portanto vem que:

$$(3p . V_A/2) + (3p . V_B/2) = E_A + E_B$$

Logo:

$$3p . (V_A + V_B)/2 = E_A + E_B$$

Assim, resulta:

$$p = 2(E_A + E_B)/3(V_A + V_B)$$

Sendo que:

$$E_A = 3p_A . V_A/2$$
$$E_B = 3p_B . V_B/2$$

Então, substituindo convenientemente as três últimas expressões e eliminando os termos em evidência, tem-se que:

$$p = (p_A . V_A) + (p_B . V_B)/(V_A + V_B)$$

Portanto, determinando (**p**), obtêm-se as novas energias cinéticas moleculares dos gases em seus recipientes:

$$E'_A = V_A \cdot p$$
$$E'_B = V_B \cdot p$$

Generalizando para uma infinidade de recipientes contendo o gás, pode-se escrever:

$$p = (p_A \cdot V_A + p_B \cdot V_B + ... + p_n \cdot V_n)/(V_A + V_B + ... + V_n)$$

3. Transferência de Energia Cinética

Considere dois gases, colocados em recipientes termicamente isolados (**A** e **B**). Se a pressão de (**A**) é maior do que a de (**B**), ocorre uma transferência de energia cinética do primeiro para o segundo, até que ocorra o equilíbrio isobárico. Portanto, se (**A**) perder uma quantidade de energia cinética, nesse intervalo de tempo, (**B**) terá recebido exatamente a quantidade de energia cinética perdida por (**A**).

Então, por convenção de sinais algébricos pode-se escrever que:

$$E_A + E_B = 0$$

Portanto, pode-se enunciar o seguinte princípio:
Se dois ou mais gases transferem energia cinética entre si, a soma algébrica das quantidades de energias transferidas pelos gases de um recipiente para outro, até o estabelecimento do equilíbrio isobárico, é nula.

4. Pressão Média Por Molécula

Sendo (**N**) o número de moléculas de um gás e (**p**) a pressão desse gás contra a parede do recipiente. Resulta que a pressão média por molécula (**q**) é representada por:

$$q = p/N$$

Como a pressão de um gás é expressa por:

$$p = m \cdot v^2/3V$$

Onde a letra (**m**) representa a massa; a letra (**v**) a velocidade e (**V**) o volume do recipiente.
Substituindo convenientemente as duas últimas expressões, resulta que:

$$q = m \cdot v^2/3V \cdot N$$

Sabe-se que o quadrado da velocidade média das moléculas de um gás é expresso por:

$$v^2 = 3R \cdot T/M$$

Onde a letra (**T**) representa a temperatura do gás; (**M**) é a molécula-grama e (**R**) é a constante universal dos gases perfeitos.
Substituindo as duas últimas expressões, resulta:

$$q = m \cdot 3R \cdot T/3V \cdot N \cdot M$$

Eliminando os termos em evidência vem que:

$$q = m \cdot R \cdot T/V \cdot N \cdot M$$

Sabe-se que a massa do gás é igual ao produto entre o número de moles (**n**) pela molécula-grama:

$$m = n \cdot M$$

Substituindo as duas últimas expressões, resulta:

$$q = n \cdot M \cdot R \cdot T/V \cdot N \cdot M$$

Eliminando os termos em evidência, vem que:

$$q = n \cdot R \cdot T/V \cdot N$$

Como ($n = N/N_A$), onde a letra (N_A) representa o número de Avogadro, vem que:

$$1/N_A = n/N$$

Substituindo convenientemente as duas últimas expressões, resulta que:

$$q = R \cdot T/V \cdot N_A$$

Entretanto, o quociente (R/N_A) é uma constante (K), conhecida por *constante de Boltzmann*.

Portanto, pode-se escrever que:

$$q = K \cdot T/V$$

De tal expressão, podem-se tirar as seguintes conclusões:

a) A pressão média por molécula de um gás não depende da natureza específica do gás. Assim, gases diferentes à mesma temperatura e volume possuem igual pressão média por molécula.

b) A pressão média por molécula exercida numa superfície aumenta quando a temperatura aumenta, porque a frequência de choques da molécula é maior.

c) Quando o volume aumenta, a pressão média exercida por molécula torna-se menor, porque a frequência de choques de molécula é menor.

5. Deslocamento de Gases

Considere dois recipientes (**A** e **B**) contendo um gás, estando isolados, com ($p_A \neq p_B$). Sabe-se que suas moléculas estão em movimento desordenado, com velocidade em todas as direções. Todos os pontos do recipiente apresentam a mesma pressão.

Todavia, ligando-se esses recipientes, ele ficará submetido a uma diferença de pressão ($p_A - P_B$), que origina, um fluxo de gás de um recipiente para outro, cujo sentido é orientado do recipiente de maior pressão para o de menor pressão. No comportamento médio, adquirem um deslocamento ordenado.

A parte da teoria dos gases que estuda o movimento dos gases denomina-se "Bariodinâmica".

6. Intensidade de Difusão

Ao ligar os dois recipientes contendo gás, com diferentes pressões, seja (**N**) o número de moléculas que atravessam a secção transversal desde o instante (**t**) até o instante (**t + Δt**).

Define-se intensidade média de difusão de molécula do gás, no intervalo de tempo, o quociente:

$$i_m = \Delta N / \Delta t$$

Denomina-se difusão uniforme todo deslocamento molecular de sentido e intensidade constante com o tempo. Portanto, nesta situação a intensidade média do deslocamento molecular do gás (i_m) em qualquer intervalo de tempo (**Δt**) é a mesma e assim é igual à intensidade (**i**) em qualquer instante.

Portanto, pode-se escrever que:

$$i_m = i$$

7. Fluxo Energético

Numa diferença de pressão entre dois recipientes contendo gás, tem-se a seguinte lei: *Espontaneamente, as moléculas sempre se deslocam de um recipiente de maior pressão para um recipiente de menor pressão.*

Defino a grandeza denominada fluxo energético (ϕ) da seguinte forma: Seja (**A**) a área de seção transversal onde ocorre o deslocamento molecular de gás de um recipiente para outro. Assim, o fluxo energético (ϕ) através dessa área é caracterizado pela seguinte relação:

ϕ = **Energia cinética do gás/Intervalo de tempo**

Simbolicamente, pode-se escrever que:

$$\phi = \Delta E / \Delta t$$

8. Relação Entre Fluxo e Intensidade

Ficou demonstrado que:

a) $i = \Delta N / \Delta t$
b) $\phi = \Delta E / \Delta t$

Portanto, pode-se escrever que:

$$\Delta E / \Delta N = \phi / i$$

Sabe-se que a energia cinética média por molécula é expressa por:

$$e = E/N$$

Portanto, substituindo convenientemente as duas últimas expressões, resulta que:

$$\phi = e \cdot i$$

Logo, o fluxo energético é igual ao produto existente entre a energia cinética média por molécula pela intensidade de difusão do gás.

9. Teoria Cinética Diametral

1. Introdução

Defino como sendo velocidade diametral, o diâmetro de uma molécula dividida pelo valor do intervalo de tempo que leva para percorrer seu próprio diâmetro. Como a teoria cinética dos gases ideais as moléculas não exercem forças uma sobre as outras, exceto quando colidem; então entre as colisões, as moléculas realizam movimento retilíneo e uniforme. Deste modo, o tempo que a molécula leva para percorrer seu próprio diâmetro é o período diametral. Simbolicamente a velocidade diametral da molécula é expressa pela seguinte relação:

$$V = D/T$$

Porém, o período é o inverso da frequência, logo posso afirmar que o período diametral é igual ao inverso da frequência diametral.

Simbolicamente, o referido enunciado é expresso pela seguinte relação:

$$T = 1/f$$

Substituindo convenientemente as duas últimas expressões, vem que:

$$V = D \cdot f$$

2. Número de Diâmetros

No presente parágrafo vou empregar argumentos geométricos para fazer uma contagem do número de diâmetros moleculares cujas frequências diametrais estão no intervalo de (**f**) a (**f** + **df**), de forma a determinar como esse número depende de (**f**).

Considere para simplificar um recipiente cúbico cujas arestas medem (**L**) e que contém (**N**) moléculas de um gás perfeito.

Então a molécula que é refletida sucessivamente pelas paredes pode ser decomposta em três componentes, ao longo das três direções mutuamente perpendiculares. Considere, inicialmente, a componente (**x**). Toda a molécula nessa direção ao colidir elasticamente com a parede (**A₁**) é refletida e retorna.

Considere agora o problema da contagem do número de diâmetros, com valores no intervalo entre (**D**) e (**D** + **dD**), que corresponde ao intervalo de frequência de (**f**) a (**f** + **df**). Para ressaltar as ideias envolvidas no cálculo vou inicialmente trabalhar apenas com a componente (**x**), e posteriormente generalizar o resultado obtido para o caso tridimensional.

Demonstrei que a velocidade diametral é igual ao produto existente entre o diâmetro da molécula pela frequência diametral.

Simbolicamente, o referido enunciado é expresso por:

$$V = D \cdot f$$

Logo, posso escrever que:

$$f = V/D$$

Escolhendo a origem do eixo (**x**) como estando em um dos extremos do cubo (**x** = **0**) e então impondo que no outro extremo (**x** = **L**), posso afirmar que o número diametral é igual ao quociente do valor da aresta (**x**), inversa pelo valor do diâmetro.

Simbolicamente, o referido enunciado é expresso pela seguinte igualdade:

$$n = x/D$$

É convenientemente continuar a discussão em termos de frequência diametral possíveis, em vez de diâmetros possíveis. Tais frequências são caracterizadas por:

$$f = V/D$$

Como:

$$n = L/D$$

Logo, substituindo convenientemente as duas últimas expressões, vem que:

$$f = n \cdot V/L$$

Posso representar esses possíveis valores da frequência em termos de um diagrama, consistindo de um eixo no qual se marca um ponto para cada valor inteiro de (**n**). Num diagrama de tal tipo, o valor da frequência permitida corresponde ao valor particular de (**n**) é pela expressão (**f = n . V/L**), igual a (**V/L**) vezes a distância (**d**) da origem do ponto considerado, ou à distância (**d**) é (**L/V**) vezes a frequência (**f**). Tal diagrama é útil para calcular o número de frequências diametrais possíveis no intervalo de frequência entre (**f**) e (**f + df**), que é chamada [**N(f) . df**]. Para obter-se essa quantidade, basta que se conte o número de pontos sobre o eixo (**n**) que estão entre esses dois limites, que são constituídos de forma a corresponderem as frequências (**f**) e (**f + df**), respectivamente. Como os pontos são distribuídos uniformemente sobre o eixo (**n**), é evidente que o número de pontos entre esses dois limites será proporcional a (**df**), porém, não dependerá de (**f**).

De fato, é fácil verificar que:

$$N(f) \cdot df = (L/V) \cdot df$$

No entanto, entre dois choques consecutivos com a mesma face (A_1) a partícula percorre a distância $(2L)$. Então vem que:

$$N(f) \cdot df = (2L/V) \cdot df$$

Isto completa o cálculo do número de diâmetros para o caso unidimensional.

As frequências diametrais possíveis em um corpo tridimensional com a forma de um cubo cuja aresta mede (L) são determinadas por três índices, a saber:

$$n_x, n_y \text{ e } n_z$$

Ou seja:

$$n_x = L_x/D_x, \quad n_y = L_y/D_y, \quad n_z = L_z/D_z \quad (A)$$

Considere uma molécula de diâmetro (D) e frequência diametral $(f = V/D)$, deslocando-se na direção definida pelos três ângulos $(\alpha, \beta \text{ e } \lambda)$. As distâncias entre os limites diametrais são:

$$D_x = D/\cos\alpha$$
$$D_y = D/\cos\beta$$
$$D_z = D/\cos\lambda$$

Então, empregando (A), nas últimas expressões, vem que:

$$L/D \cos\alpha = n_x$$
$$L/D \cos\beta = n_y$$
$$L/D \cos\lambda = n_z$$

Elevando os dois membros dessas equações ao quadrado e somando-as, obtém-se que:

$$(L/D)^2 \cdot (\cos^2\alpha + \cos^2\beta + \cos^2\lambda) = n^2_x + n^2_y + n^2_z$$

Porém, os ângulos (α, β e λ) têm a propriedade:

$$\cos^2\alpha + \cos^2\beta + \cos^2\lambda = 1$$

Logo, resulta que:

$$(L/D)^2 = n^2_x + n^2_y + n^2_z$$

Portanto, vem que:

$$L/D = \sqrt{n^2_x + n^2_y + n^2_z}$$

Vou novamente continuar a discussão em termos de frequências, em vez dos diâmetros, elas são:

$$f = N/D = (V/L) \cdot \sqrt{n^2_x + n^2_y + n^2_z}$$

Agora, [$N(f)$ df], o número de frequências permitidas entre (f) e ($f + df$), é igual a [$N(r)$ dr], o número de pontos contidos entre camadas concêntricas de raio (r e $r + dr$) caracterizado por uma rede cúbica em um octante de um sistema de coordenadas retangulares, de tal modo que as três coordenadas em cada ponto da rede sejam iguais ao conjunto dos números (n_x, n_y, n_z).
Então, posso escrever que:

$$r = \sqrt{n^2_x + n^2_y + n^2_z}$$

Substituindo convenientemente as duas últimas expressões, vem que:

$$r = L \cdot f/D$$

Como [N(r) dr] é igual ao volume compreendido entre as camadas, multiplicado pela densidade dos pontos da rede, e já que, por construção, a densidade é um, [N(r) dr] é simplesmente caracterizada por:

$$N(r)\ dr = (1/8) \cdot 4\pi.r^2\ dr$$

$$N(r)\ dr = (1/2) \cdot \pi.r^2\ dr$$

Igualando essa expressão a [N(f) df], e calculando (r^2 dr) da expressão (r = L . f/V), obtém-se que:

$$N(f)\ df = (\pi/2) \cdot (L/V)^3 \cdot f^2\ df$$

Então, vem que:

$$N(f)\ df = (\pi \cdot L^3 \cdot f^2/2V^3)\ df$$

Tal resultado deve ser multiplicado por dois, visto que a partícula percorre a distância (2L), entre dois choques consecutivos com a mesma face.

Logo, resulta que:

$$N(f)\ df = (\pi \cdot L^3 \cdot f^2/V^3)\ df$$

Porém, o volume (V) do cubo é caracterizado por:

$$v = L^3$$

Substituindo convenientemente as duas últimas expressões, vem que:

$$N(f) \, df = (\pi \, . \, v \, . \, f^2 / V^3) \, df$$

Tal expressão traduz a contagem do número de diâmetros moleculares.

3. Densidade de Energia Cinética de um Gás

No presente parágrafo vou usar um resultado da teoria cinética clássica dos gases para calcular a energia total média das moléculas quando o sistema está em equilíbrio térmico. O número de diâmetros moleculares no intervalo de frequências, multiplicado pela energia média das moléculas e dividida pelo volume do gás, dá a energia média contida em uma unidade de volume no intervalo de frequência de (**f**) a (**f + df**). Esta é a quantidade desejada, a densidade de energia p_T (**f**).

Para um sistema contendo um grande número de entes físicos do mesmo tipo, que estão em equilíbrio térmico entre si a uma temperatura (**T**), a física clássica faz uma previsão dos valores médios das energias destes entes. Tal previsão é conhecida como princípio da equipartição da energia. Esta lei afirma que, para um sistema de moléculas de um gás em equilíbrio térmico a uma temperatura (**T**), a energia cinética média de uma molécula por grau de liberdade é expressa por:

$$W = K \, . \, T/2$$

Onde a letra (**K**), representa uma constante denominada por constante de Boltzman. Porém, entre dois choques consecutivos numa face, cada molécula tem uma energia total que é igual a duas vezes a sua energia cinética média. Então de acordo com a lei de equipartição clássica a energia total média será expressa por:

$$W = K \, . \, T$$

A energia por unidade de volume no intervalo de frequência de (**f**) a (**f** + **df**) de um gás numa temperatura (**T**) é portanto o produto da energia média por moléculas vezes o número de diâmetros no intervalo de frequência, dividido pelo volume do gás.

Logo, posso escrever que:

$$p_T(f) \ df = (\pi . f^2 . K . T/V^3) \ df$$

4. Pressão de um Gás Diametral

Seja (**p**) a pressão de um gás de massa (**m**) que ocupa um volume (**v**). Sendo (**V**) a velocidade média de suas moléculas, tem-se a seguinte demonstração:

Considere um recipiente cúbico de aresta (**L**) contendo (**N**) moléculas de um gás perfeito. Pode-se supor que, em média, o efeito produzido pelo movimento das moléculas equivale a cada um terço delas se deslocando em cada uma das três direções (**0_x, 0_y e 0_z**).

Seja (**m_0**) a massa de cada molécula e (**V**) o módulo de sua velocidade média. Considere uma molécula que se move na direção (**0_x**). Ao colidir elasticamente com a parede (**A_1**) a molécula retorna, sofrendo uma variação de quantidade de movimento igual a:

$$2m_0 . V$$

Ou:

$$2m_0 . D . f$$

Entre dois choques consecutivos com a mesma parede, a partícula percorre a distância (**2L**). O intervalo de tempo entre estes dois choques consecutivos é expresso por:

$$\Delta t = 2L/V = 2n \cdot D/V = 2L/d \cdot f = 2n \cdot D/D \cdot f = 2n/f$$

O número de vezes que a molécula colide com a parte (A_1) na unidade de tempo será expresso por:

$$1/\Delta t = V/2L = V/2n \cdot D = D \cdot f/2L = D \cdot f/2n \cdot D = f/2n$$

A variação da quantidade de movimento transmitida à face (A_1) pela molécula na unidade de tempo é expressa por:

$$V \cdot 2m_0 \cdot V/2L = m_0 \cdot V^2/L = m_0 \cdot V^2/n \cdot D = m_0 \cdot D^2 \cdot f^2/L =$$
$$m_0 \cdot D^2 \cdot f^2/n \cdot D = m_0 \cdot D \cdot f^2/n =$$
$$m_0 \cdot f \cdot V/n$$

Lembrando que, em média, na face (A_1) age $(1/3)$ do número (N) de moléculas, resulta que a variação total da quantidade de movimento à face (A_1), na unidade de tempo, será expressa por:

$$F = N \cdot m_0 \cdot V^2/3L = N \cdot m_0 \cdot V^2/3n \cdot D = N \cdot m_0 \cdot D^2 \cdot f^2/3L =$$
$$N \cdot m_0 \cdot D^2 \cdot f^2/3n \cdot D = N \cdot m_0 \cdot D \cdot f^2/3n = N \cdot m_0 \cdot V \cdot f/3n$$

Pelo teorema do Impulso resulta que a força média sobre a parede (A_1) apresenta uma intensidade expressa pela equação anterior.

Assim, a pressão do gás sobre a face (A) será expressa por:

$$p = F/L^2$$

Portanto:

$$p = N \cdot m_0 \cdot V^2/3L^3 = N \cdot m_0 \cdot V^2/3n^3 \cdot D^3 = N \cdot m_0 \cdot D^2 \cdot f^2/3L^3$$
$$=$$
$$N \cdot m_0 \cdot D^2 \cdot f^2/3n^3 \cdot D^3 = N \cdot m_0 \cdot f^2/3n^3 \cdot D$$

Sendo $(m = N \cdot m_0)$, a massa de um gás, resulta que:

$$p = m \cdot V^2/3L^3 = m \cdot V^2/3n^3 \cdot D^3 = m \cdot D^2 \cdot f^2/3L^3 =$$
$$m \cdot D^2 \cdot f^2/3n^3 \cdot D^3 = m \cdot f^2/3D \cdot n^3$$

Sendo, $(v = L^3)$ o volume, resulta que:

$$p = m \cdot V^2/3v = m \cdot V^2/3n^3 \cdot D^3 = m \cdot D^2 \cdot f^2/3v =$$
$$m \cdot D^2 \cdot f^2/3n^3 \cdot D^3 = m \cdot f^2/3D \cdot n^3$$

5. Energia Cinética do Gás

A energia cinética do gás é igual à soma das energias cinéticas de suas moléculas, sendo expressa por:

$$W_c = m \cdot V^2/2 = m \cdot D^2 \cdot f^2/2$$

Sendo:

$$p = m \cdot V^2/3v = m \cdot V^2/3n^3 \cdot D^3 =$$
$$m \cdot D^2 \cdot f^2/3v = m \cdot f^2/3D \cdot n^3$$

Resulta que:

$$W_c = 3p \cdot v/2 = 3p \cdot n^3 \cdot D^3/2$$

Portanto:

$$W_c = m \cdot v \cdot f^2/2D \cdot n^3$$

6. Equação de Clapeyron e Consequências

A equação de Clapeyron é expressa simbolicamente pela seguinte igualdade:

$$p . v = m . R . T/M$$

Onde (**m**) é a massa do gás; (**M**) sua molécula grama, (**R**) é uma constante universal dos gases perfeitos e (**T**) é a temperatura absoluta.

Pelas equações anteriores, posso escrever que:

$$p . v = m . V^2/3 = m . D^2 . f^2/3$$

Igualando convenientemente as duas últimas expressões, vem que:

$$m . R . T/M = m . D^2 . f^2/3$$

Eliminando os termos em evidência, vem que:

$$T = M . D^2 . f^2/3R$$

A equação de Clapeyron permite expressar que:

$$p/m = R . T/M . v$$

Pelas equações anteriores, posso escrever que:

$$p/m = V^2/3v = V^2/3n^3 . D^3 = D^2 . f^2/3v = f^2/3D . n^3$$

Substituindo convenientemente as duas últimas expressões, vem que:

a) $\quad$ $R . T/M . v = V^2/3v$

Então, obtém-se que:

$$R . T/M = V^2/3$$

b) $R \cdot T/M \cdot v = V^2/3D^2 \cdot n^3$

c) $R \cdot T/M \cdot v = D^2 \cdot f^2/3v$

Eliminando os termos em evidência, resulta que:

$$R \cdot T/M = D^2 \cdot f^2/3$$

d) $R \cdot T/M \cdot v = f^2/3D \cdot n^3$

Fundamentado nas equações anteriores, posso escrever que:

$$p \cdot v/m = V^2 \cdot v/3v = V^2 \cdot v/3n^3 \cdot D^3 = D^2 \cdot f^2 \cdot v/3v = f^2 \cdot v/3D \cdot n^3 = f^2 \cdot D^2/3$$

Eliminando os termos em evidência, resulta que:

$$p \cdot v/m = V^2/3 = V^2 \cdot v/3n^3 \cdot D^3 = D^2 \cdot f^2/3 = f^2 \cdot v/3D \cdot n^3$$

Sabe-se que:

$$2W_c/3 = p \cdot v$$

Logo, substituindo convenientemente as duas últimas expressões vem que:

$$2W_c/3m = p \cdot v/m = V^2/3 = V^2 \cdot v/3n^3 \cdot D^3 = D^2 \cdot f^2/3 = f^2 \cdot v/3D \cdot n^3$$

Logicamente, posso escrever que:

e) $W_c = m \cdot V^2 \cdot v/2n^3 \cdot D^3$

f) $W_c = m \cdot D^2 \cdot f^2/2$

g) $W_c = m \cdot v \cdot f^2/2D \cdot n^3$

Igualando convenientemente as expressões (**a**), (**b**), (**c**) e (**d**), vem que:

$$V^2/3 = V^2 \cdot v/3n^3 \cdot D^3 = D^2 \cdot f^2/3 = f^2 \cdot v/3D \cdot n^3$$

10. Teoria Cinética Relativística

1. Introdução

Em 26 de abril de 1981 desenvolvi a "Teoria Cinética Relativística" aplicada somente aos gases, porque neles as interações entre átomos são muito fracas, o que permite uma maior liberdade do movimento de suas moléculas. Nesta teoria, as moléculas são dotadas de movimento desordenado e obedecem as leis da Mecânica Relativística. Com isso, estou propondo a hipótese de que as moléculas que constituem uma dada massa gasosa alcancem velocidades compatíveis com a da luz.

2. Primeira Equação

A massa de um mol de moléculas em gramas; ou seja, a massa de **6,023**. 10^{23} moléculas de uma substância são denominadas universalmente por MOLÉCULA-GRAMA da substância e é caracterizada simbolicamente pela letra (**M**).

Então, o "número de mol" (**n**) contido numa certa massa (**m**) é expresso simbolicamente pela seguinte relação matemática:

$$n = m/M$$

Porém, em 1905, Einstein reformulou o conceito de massa para partículas com velocidades próximas à da luz.

Se (m_0) é a massa de repouso de um corpo, massa medida em relação a um sistema de referência em repouso em relação a um referencial inercial, e (**m**) é a massa do mesmo corpo, medida num referência que se move com velocidade (**V**), em relação ao referencial em repouso, segundo Einstein, existe a seguinte relação:

$$m = m_0/\sqrt{1 - (V^2/c^2)}$$

Ora, a molécula-grama (**M**) nada mais é do que a medida da massa de 6,023. 10^{23} moléculas de uma substância qualquer. Logo, conclui-se que se a massa de um gás varia com a velocidade da luz, então, a "molécula-grama" desse gás também varia com a velocidade da luz.
Então, posso escrever que:

$$M = M_0/\sqrt{1 - (V^2/c^2)}$$

Como $(\sqrt{1 - (V^2/c^2)} \geq 1)$. Decorre que $(M \geq M_0)$; ou seja, a molécula-grama será maior, quando em movimento relativo, do que, quando em repouso. Com isso está estabelecida a primeira equação.

3. Consequências da Equação de Einstein

O número de mol é igual ao quociente da massa de uma substância, inversa pelo valor da molécula-grama da referida substância.
O referido enunciado é expresso simbolicamente pela seguinte relação:

$$n = m/M$$

Na hipótese de que as moléculas se desloquem com velocidades compatíveis com a da luz; posso afirmar que existem massa e molécula-grama relativísticas. Então, substituindo convenientemente as três últimas expressões, resulta que:

$$n = m/M = [m_0/\sqrt{1 - (V^2/c^2)}]/[M_0/\sqrt{1 - (V^2/c^2)}] =$$

$$m_0 . \sqrt{1 - (V^2/c^2)}/M_0 . \sqrt{1 - V^2/c^2}$$

Eliminando os termos em evidência, vem que:

$$n = m/M = m_0/M_0$$

A referida igualdade permite afirmar que, tanto em altas velocidades quanto em repouso, o número de moles de um gás permanece absolutamente constante. Isso significa que a massa relativística de um gás aumenta na mesma proporção que a molécula-grama.

4. Segunda Equação

Sabe-se que a molécula-grama é igual à massa de uma molécula em produto com o "número de Avogadro". Simbolicamente, o referido enunciado é expresso pela seguinte equação:

$$M = m \cdot N_A$$

Porém, quando a molécula alcança uma velocidade compatível com a da luz, sua massa aumenta, de acordo com a equação de Einstein.

$$m = m_0/\sqrt{1 - (V^2/c^2)}$$

Logo, substituindo convenientemente as duas últimas equações, obtém-se que:

$$M = m_0 \cdot N_A/\sqrt{1 - (V^2/c^2)}$$

O que vem a traduzir a segunda equação.

5. A Terceira Equação

A teoria cinética dos gases mostra que a temperatura alcançada por uma massa gasosa, é igual ao quociente do valor da molécula-grama (**M**) em produto com o quadrado da velocidade das moléculas desse gás, inversa pelo triplo da constante universal dos gases perfeito (**R**).

$$T = M \cdot V^2/3R \qquad (I)$$

Outra relação é deduzida do seguinte modo:
Sabe-se que:

$$M = m \cdot N_A$$

Então, substituindo convenientemente as duas últimas expressões, resulta que:

$$T = m \cdot N_A \cdot V^2/3R \qquad (II)$$

Por outro lado, a constante de Boltzmann pode ser expressa pela seguinte relação:

$$1/K = N_A/R$$

Logo, substituindo convenientemente as duas últimas relações, vem que:

$$T = m \cdot V^2/3K \qquad (III)$$

Baseados em qualquer uma das equações (**I**), (**II**), (**III**), os físicos afirmam largamente que para um dado gás, a temperatura depende "exclusivamente" da velocidade das moléculas e vice-versa. Afirmam ainda que isso justifica o fato de que a temperatura ser uma medida do grau de agitação das partículas. Isso é verdade para partículas em baixas velocidades.

De acordo com o postulado de Einstein a velocidade da luz é uma constante universal, portanto é a velocidade limite para qualquer partícula.

Então, supondo que as moléculas de um gás alcancem a velocidade da luz, posso escrever que:

$$T = M . c^2/3R \quad (IV)$$

Ou:

$$T = m . N_A . c^2/3R \quad (V)$$

Ou ainda:

$$T = m . c^2/3K \quad (VI)$$

Devo chamar a atenção para mostrar que as grandezas (R), (c), (K), (N_A) são constantes universais. Então, cada uma das referidas equações podem ser substituídas por uma constante de caráter genérico. Assim, vem que:

$$T = b . M$$

Ou ainda que:

$$T = a . m$$

Onde (a) e (b) são constante genéricas.

As referidas expressões mostram que a temperatura máxima alcançada por uma massa gasosa depende exclusivamente da natureza específica do gás traduzida pela molécula-grama (M) ou pela massa (m). Logo, para um dado gás existe uma temperatura máxima que pode ser atingida na natureza. Então, para esse gás a temperatura máxima que o mesmo pode alcançar é o limite.

Evidentemente, esse raciocínio estaria correto se a molécula-grama (**M**) ou a massa (**m**), não apresentassem efeito relativístico.

Demonstrei que a molécula-grama de qualquer gás varia com a velocidade relativística, de acordo com a primeira equação:

$$M = M_0/\sqrt{1 - (V^2/c^2)}$$

Substituindo convenientemente a referida equação com a relação (**I**) do que traduz a primeira equação do presente item, obtém-se que:

$$T = M_0 \cdot V^2/3R \cdot \sqrt{1 - (V^2/c^2)}$$

Einstein demonstrou que:

$$m = m_0/\sqrt{1 - (V^2/c^2)}$$

Substituindo convenientemente a referida equação com a relação (**II**), obtém-se que:

$$T = m_0 \cdot N_A \cdot V^2/3R \cdot \sqrt{1 - (V^2/c^2)}$$

Substituindo a equação de Einstein com a relação (**III**) da que traduz a terceira equação do presente item, obtém-se que:

$$T = m_0 \cdot V^2/3R \cdot \sqrt{1 - (V^2/c^2)}$$

Essas três novas equações relativísticas vêm a demonstrar claramente que a temperatura não depende exclusivamente da velocidade das moléculas, mas dependem também da massa relativística. Quando (**V** → **c**), a curva de Bucherer e Newman tende a infinito, isso significa que não existe um limite para a temperatura, muito pelo contrário, ela também tende ao infinito.

6. Energia Cinética Relativística e a Quarta Equação

Uma das grandes consequências da teoria da Relatividade de Einstein é o fato de que a massa é uma forma de energia.
E de acordo com essa teoria, a energia é igual ao valor da massa, multiplicada pelo quadrado da velocidade da luz.
Simbolicamente, o referido enunciado é expresso por:

$$W = m \cdot c^2$$

Observe que (**W**) é a energia total para um observador que mediu a massa (**m**). Se o corpo está em repouso relativamente ao observador, a massa do corpo é a massa de repouso (**m$_0$**), sendo que a energia (**W$_0$** = **m$_0$** $\cdot$ **c^2**), é chamada energia de repouso do corpo.
Com base nos mesmos argumentos, proponho que a molécula-grama é uma forma de energia; ou seja, a *energia molécula-grama* tem inércia.
A conversão da molécula-grama em energia é um conceito muito importante que proponho. Esse conceito revolucionará a Química Quântica Relativística em um futuro próximo.
Então, posso afirmar categoricamente que a energia molécula-grama é igual ao valor da molécula-grama em produto com o quadrado da velocidade da luz.
Simbolicamente, o referido enunciado é expresso por:

$$E = M \cdot c^2$$

Nesse caso, também, (**E**) é a energia total para um observador que mediu a molécula-grama (**M**). Caso esteja em repouso relativamente ao observador a molécula-grama do gás ou substância, é a molécula-grama de repouso (M_0), sendo que a energia molécula-grama de repouso do gás ou substância é expressa por:

$$E_0 = M_0 \cdot c^2$$

Se (E) é a energia molécula-grama total da massa gasosa e (E_0), sua energia de repouso, decorre que a energia cinética (E_c) do gás será:

$$E_c = E - E_0$$

$$E_c = M \cdot c^2 - M_0 \cdot c^2$$

$$E_c = (M - M_0) \cdot c^2$$

Isso significa que a conversão da molécula-grama em energia é igual à energia total do sistema menos a energia de repouso em produto com o quadrado da velocidade da luz.
Considerando que:

$$M = M_0/\sqrt{1 - (V^2/c^2)}$$

Considerando que:

$$E_c = M \cdot c^2 - M_0 \cdot c^2$$

Então, vem que:

$$E_c = [M_0 \cdot c^2/\sqrt{1 - (V^2/c^2)}] - M_0 \cdot c^2$$

Logo, resulta que:

$$E_c = M_0 \cdot c^2 \cdot [(\sqrt{1 - (V^2/c^2)}) - 1]$$

7. O Conjunto da Quinta Equação

A equação de Clapeyron é expressa pelo seguinte enunciado: "O produto entre a pressão pelo volume de um gás é igual ao número de mol em produto com a constante universal dos gases perfeitos multiplicada pela temperatura absoluta".

Simbolicamente, o referido enunciado é expresso por:

$$p \cdot v = n \cdot R \cdot T \quad (I)$$

Porém, demonstrei que:

a) $\quad T = M_0 \cdot V^2/(\sqrt{1 - V^2/c^2}) \cdot 3R$
b) $\quad T = m_0 \cdot N_A \cdot V^2/(\sqrt{1 - V^2/c^2}) \cdot 3R$
c) $\quad T = m_0 \cdot V^2/(\sqrt{1 - V^2/c^2}) \cdot 3K$

Substituindo convenientemente a expressão (**I**) com (**a**), (**b**) e (**c**), vem que:

(a₁) $\quad\quad p \cdot v = n \cdot R \cdot M_0 \cdot V^2/(\sqrt{1 - V^2/c^2}) \cdot 3R$

Eliminando os termos em evidência, resulta que:

$$p \cdot v = (1/3) \cdot n \cdot M_0 \cdot V^2/\sqrt{1 - V^2/c^2}$$

Demonstrei que:

$$n = m/M = m_0/M_0$$

Então posso escrever que:

$$M_0 = m_0/n$$

Que substituída convenientemente, resulta que:

$$p \cdot v = (1/3) \cdot n \cdot m_0 \cdot V^2/n \cdot (\sqrt{1 - V^2/c^2})$$

Novamente, eliminando os termos em evidência, resulta na seguinte equação:

$$p \cdot v = (1/3) \cdot m_0 \cdot V^2/(\sqrt{1 - V^2/c^2})$$

(b_1) $\qquad p \cdot v = n \cdot R \cdot m_0 \cdot N_A \cdot V^2/(\sqrt{1 - V^2/c^2}) \cdot 3R$

Eliminando os termos em evidência, resulta que:

$$p \cdot v = (1/3) \cdot n \cdot m_0 \cdot N_A \cdot V^2/(\sqrt{1 - V^2/c^2})$$

Como:

$$m_0 = n \cdot M_0$$

Vem que:

$$p \cdot v = (1/3) \cdot n^2 \cdot V^2 \cdot M_0 \cdot N_A/(\sqrt{1 - V^2/c^2})$$

Porém, sendo o número de moléculas igual ao número de mol em produto com o número de Avogadro:

$$N = n \cdot N_A$$

Resulta na seguinte equação:

$$p \cdot v = (1/3) \cdot n \cdot N \cdot V^2 \cdot M_0/(\sqrt{1 - V^2/c^2})$$

Porém:

$$m_0 = n \cdot M_0$$

Logo, vem que:

$$p \cdot v = (1/3) \cdot N \cdot m_0 \cdot V^2/(\sqrt{1 - V^2/c^2})$$

$$(c_1) \qquad p \cdot v = n \cdot R \cdot m_0 \cdot V^2/(\sqrt{1 - V^2/c^2}) \cdot 3K$$

Como demonstrei que:

$$n = m_0/M_0$$

Conclui-se que:

$$p \cdot v = (1/3) \cdot m^2_0 \cdot R \cdot V^2/M_0 \cdot K \cdot (\sqrt{1 - V^2/c^2})$$

Como o quociente:

$$R/K = N_A$$

Então, resulta o seguinte:

$$p \cdot v = (1/3) \cdot m^2_0 \cdot N_A \cdot V^2/M_0 \cdot (\sqrt{1 - V^2/c^2})$$

8. A Lei de Boltzmann e os Conceitos Relativísticos

Ludwig Boltzmann demonstrou que a energia cinética média por molécula de qualquer gás, é diretamente proporcional à temperatura absoluta.

A equação de Boltzmann que traduz a referida lei é a seguinte:

$$e_c = 3K \cdot T/2$$

Porém, demonstrei que:

$$T = m_0 \cdot V^2/(\sqrt{1 - V^2/c^2}) \cdot 3K$$

Substituindo convenientemente as duas últimas expressões, resulta que:

$$e_c = 3K . m_0 . V^2/2 . 3K . (\sqrt{1 - V^2/c^2})$$

Eliminando os termos em evidência, resulta que:

$$e_c = (1/2) . m_0 . V^2/(\sqrt{1 - V^2/c^2})$$

E assim, demonstrei a equação relativística de Boltzmann. Na verdade e em geral creio ter firmado os postulados básicos sobre os quais devem ser assentada a Teoria Cinética Relativística.

11. Poder Emissivo de um Gás Ideal

1. Introdução

A potência (**p**) é definida como sendo a relação existente entre a energia (**W**) pelo tempo decorrido (**t**). Pode-se escrever que:

$$p = W/t$$

Caso a força (**F**) seja constante e paralela ao deslocamento, a potência será expressa por:

$$p = F \cdot v$$

Onde a letra (**v**) é a velocidade média do móvel.

2. Densidade de Energia

Por definição, denomina-se densidade média de energia (**μ**) a razão entre a energia (**W**) de um elemento, pelo volume (**V**) considerado.
Simbolicamente escreve-se:

$$\mu = W/V$$

3. Poder Emissivo

Por definição, a poder emissivo (**E**) de uma substância é a razão entre a potência (**p**) irradiada e a área (**A**) da superfície.
Simbolicamente, o referido enunciado é expresso por:

$$E = p/A$$

O poder emissivo da matéria depende da natureza da mesma e da temperatura em que ela se encontra.
Lembrando que (**p = W/t**), pode-se escrever o seguinte:

$$E = W/A . t$$

4. Poder Radiante

Seja (**V**) o volume de um espaço localizado num meio, e seja (**p**) a potência irradiada. Por definição, o poder radiante (**X**) é a razão entre a potência e o volume do corpo que irradia a energia.
Simbolicamente, pode-se escrever que:

$$X = p/V$$

5. Relação (I)

Demonstrei que:

$$\mu = W/V$$
$$X = p/V$$

Substituindo as duas últimas expressões resulta que:

$$W/p = \mu/X$$

6 - Relação (II)

Está demonstrado que:

$$E = p/A$$
$$X = p/V$$

Substituindo estas duas expressões vêm que:

$$E/X = V/A$$

7. Poder Emissivo de um Gás

Simplificadamente considere um recipiente cúbico de aresta (**l**) contendo (**N**) moléculas de um gás ideal. Seja (**m_0**) a massa de cada molécula e (**v**) o módulo de sua velocidade média.

Pelo cálculo estatístico demonstra-se que a força média (**F**) resultante sobre a face do cubo tem intensidade expressa por:

$$F = N . m_0 . v^2/3l \qquad (I)$$

Entretanto, pelo presente artigo, sabe-se que:

$$E = p/A$$

Sendo (**$A = l^2$**), portanto:

$$E = p/l^2$$

Também foi definido que:

$$p = F . v$$

Portanto, substituindo as duas últimas expressões, resulta:

$$E = F \cdot v/l^2 \quad (II)$$

Substituindo convenientemente (I) e (II), resulta que:

$$E = N \cdot m_0 \cdot v^2 \cdot v/3l^3$$

Como a energia cinética é expressa por:

$$W_0 = m_0 \cdot v^2/2$$

Pode-se escrever que:

$$E = 2N \cdot W_0 \cdot v/3l^3$$

Sendo $(V = l^3)$ o volume do gás, vem que:

$$E = 2N \cdot W_0 \cdot v/3V$$

Sabendo que $(W_c = N \cdot W_0)$ é a energia cinética do gás, vem que:

$$E = 2W_c \cdot v/3V$$

Entretanto, demonstrei que:

$$\mu = W/V$$

Logo, posso escrever que:

$$E = (2/3) \cdot \mu \cdot v$$

A referida expressão mostra que o poder emissivo de um gás perfeito vale dois terços do produto da densidade de energia cinética pela velocidade média das moléculas do referido gás.

8. Poder Emissivo e a Pressão

A teoria cinética dos gases demonstra que a energia cinética (W_c) do gás é a soma das energias cinéticas de suas moléculas, sendo expressa por:

$$W_c = (3/2) . n . R . T$$

Onde (n) é o número de moles, (R) a constante universal dos gases ideais e (T) a temperatura absoluta.

No presente trabalho, demonstrei que:

$$E = (2/3) . v . W_c/V$$

Substituindo convenientemente as duas últimas expressões, resulta que:

$$E = (2/3) . (v/V) . (3/2) . n . R . T$$

Eliminando os termos em evidência, vem que:

$$E = n . R . T . v/V$$

Entretanto a conhecida "equação de Clapeyron", válida para os gases ideais é expressa por:

$$i . V = n . R . T$$

Onde a letra (i) representa a pressão exercida pelo gás.

Substituindo convenientemente as duas últimas expressões, resulta que:

$$E = i . v$$

Portanto, o poder emissivo de um gás depende de sua pressão e da velocidade média de suas moléculas.

9. Poder Emissivo e a Densidade do Gás

A teoria cinética dos gases ideais permite estabelecer que:

$$i = m . v^2/3V$$

Onde a letra (**m**) representa a massa do gás. Demonstrei que:

$$E = i . v$$

Substituindo convenientemente as duas últimas expressões, resulta que:

$$E = m . v^2/3V$$

Porém a densidade (**d**) do gás confinado em um volume é igual à sua massa (**m**) dividida pelo volume (**V**). Simbolicamente, pode-se escrever que:

$$d = m/V$$

Substituindo as duas últimas expressões, vem que:

$$E = d . v^3/3$$

10. Poder Emissivo Médio Por Molécula

Sendo (**N**) o número de moléculas que constituem o gás e (**E**) o poder emissivo do mesmo, resulta que o poder emissivo médio por molécula (**e**) é expresso genericamente por:

$$e = E/N$$

11. Relações Entre Poder Emissivo e Densidade de Energia

No presente artigo, foi demonstrado que:

$$E = 2\mu . v/3$$

Pela teoria cinética dos gases, sabe-se que:

$$v^2 = 3R . T/M$$

Onde a letra (**M**) representa a molécula-grama do gás. Substituindo convenientemente as duas últimas expressões vem que:

$$E = (2\mu/3) . \sqrt{(3R . T/M)}$$

Elevando ao quadrado ambos os termos, resulta:

$$E^2 = 4\mu^2 . 3R . T/9M$$

Simplificando os termos, obtém-se:

$$E^2 = 4\mu^2 . R . T/3M$$

Portanto, conclui-se que:

$$E = \mu . \sqrt{(4R . T/3M)}$$

12. Relação Entre Poder Emissivo e Volume Molar

No presente tratado ficou demonstrado que:

$$E = n . R . T . v/V$$

Sabe-se que:

$$v^2 = 3R \cdot T/M$$

Substituindo convenientemente as duas últimas expressões, resulta que:

$$E = (n \cdot R \cdot T/V) \cdot \sqrt{(3R \cdot T/M)}$$

Como o volume molar (**b**) é expresso por:

$$b = n/V$$

Obtém-se que:

$$E = (b \cdot R \cdot T) \cdot \sqrt{(3R \cdot T/M)}$$

13. O Quadrado do Poder Emissivo Por Molécula

Foi demonstrado que:

$$E = m \cdot v^3/3V$$

Sabe-se que:

$$m = m_0 \cdot N$$

Portanto, pode-se escrever que:

$$E = m_0 \cdot N \cdot v^3/3V$$

No presente estudo, foi demonstrado que:

$$e = E/N$$

Assim, substituindo as duas últimas expressões, resulta:

$$e = m_0 . N . v^3/3V . N$$

Eliminando os termos em evidência, vem que:

$$e = m_0 . v^3/3V$$

Está demonstrado que a energia cinética por molécula é expressa por:

$$2W_0 = m_0 . v^3$$

Logo, substituindo as duas últimas expressões, resulta:

$$e = 2W_0 . v/3V$$

Porém, a teoria cinética dos gases demonstra que:

$$v = \sqrt{(3i . V/m)}$$

Assim, substituindo as duas últimas expressões, vem que:

$$e = (2W_0 . 3V) . \sqrt{(3i . V/m)}$$

Elevando ambos os termos ao quadrado, resulta:

$$e^2 = 4W^2_0 . 3 . i . V/9V^2 . m$$

Eliminando os termos em evidência, vem que:

$$e^2 = 4W^2_0 . i/3V . m$$

Pela teoria cinética dos gases, sabe-se que:

$$i = m \cdot R \cdot T/M \cdot V$$

Então, substituindo as duas últimas expressões, obtém-se que:

$$e^2 = 4W^2{}_0 \cdot m \cdot R \cdot T/3V \cdot m \cdot M \cdot V$$

Eliminando os termos em evidência, resulta no seguinte:

$$e^2 = 4R \cdot T/W^2{}_0/3M \cdot V^2$$

A teoria cinética dos gases também demonstra que:

$$W_0 = 3R \cdot T/2N_A$$

Substituindo convenientemente as duas últimas expressões, vem que:

$$e^2 = 4R \cdot T \cdot 9R^2 \cdot T^2/3M \cdot V^2 \cdot 4N^2{}_A$$

Assim, vem que:

$$e^2 = 3R^3 \cdot T^3/M \cdot V^2 \cdot N^2{}_A$$

Entretanto o quociente $(R^3/N^2{}_A)$ é uma constante (α). Substituindo as duas últimas expressões, resulta:

$$e^2 = 3\alpha \cdot T^3/M \cdot V^2$$

A referida expressão mostra que o poder emissivo médio por molécula de um gás ideal depende da natureza específica do gás, expresso pela molécula-grama (**M**).

Portanto, para um dado gás, o poder emissivo molecular depende da temperatura e do volume do referido gás.

14. Dilatação e o Poder Emissivo

por:
Sabe-se que o poder emissivo de um corpo é expresso

$$E = p/A$$

Entretanto, a área de um corpo aumenta com a temperatura. Conforme a seguinte expressão:

$$A = A_0 . (1+ \beta . T)$$

Onde a letra (A_0) representa a área inicial do corpo, (β) é uma constante de proporcionalidade e (T) é a temperatura do corpo.

Substituindo convenientemente as duas últimas expressões, resulta que:

$$p = E . A_0 . (1 + \beta . T)$$

12. Deformação Semielástica

1. Introdução

Quando uma força é aplicada sobre um corpo semielástico, ela é parcialmente empregada na deformação elástica e parcialmente empregada na deformação plástica. Sendo que a letra (**F**) representa a força externa aplicada sobre o corpo, a letra (**f$_e$**) representa a parcela empregada na deformação elástica e a letra (**f$_p$**) representa a parcela empregada na deformação plástica de forma que se pode escrever que:

$$F = f_e + f_p$$

Para avaliar a proporção de força externa aplicada utilizada nos fenômenos de deformações elásticas e plásticas, podem-se definir as seguintes grandezas adimensionais:

a) Coeficiente elástico:

$$e = f_e/F$$

b) Coeficiente plástico:

$$p = f_p/F$$

Evidentemente, somando as duas grandezas, resultam que:

$$e + p = f_e/F + f_p/F = (f_e + f_p)/F = F/F$$

Logo vem que:

$$e + p = 1$$

Quando não há coeficiente plástico (**p = 0**), o corpo é denominado elástico. Neste caso, tem-se que: (**e = 1**).

2. Coeficientes Energéticos

Sendo que a letra (**E**) representa a energia externa operando sobre o corpo elástico, a letra (w_e) representa a parcela de energia empregada na deformação elástica e a letra (w_p) representa a parcela de energia empregada na deformação plástica, então se pode escrever que:

$$F = w_e + w_p$$

Para avaliar que proporção de energia total empregada sobre o corpo elástico que se encontra distribuída nos fenômenos de deformações elásticas e plásticas, pode-se definir as seguintes grandezas adimensionais:

a) Coeficiente energético elástico:

$$b = w_e/E$$

b) Coeficiente energético plástico:

$$c = w_p/E$$

Evidentemente, somando as duas grandezas, resultam que:

$$e + p = w_e/E + w_p/E = (w_e + w_p)/E = E/E$$

Logo vem que:

$$b + c = 1$$

Quando não há coeficiente energético plástico (**c = 0**), a energia total utilizada no corpo é equivalente à energia elástica conservada no corpo elástico. Neste caso, tem-se que: (**b = 1**).

3. Coeficiente de Restituição Permanente

Se uma força externa for aplicada sobre um corpo semi-elástico, ela provoca uma deformação parcialmente elástica e parcialmente plástica (permanente). Considerando que (**L**) seja a deformação total sofrida pelo corpo, (x_e), a deformação elástica e (x_p) a deformação plástica, pode-se escrever que:

$$L = x_e + x_p$$

Para se conhecer qual a proporção da deformação total sobre os fenômenos de deformação elástica e de deformação plástica, podem-se definir as seguintes grandezas adimensionais:

a) Coeficiente de restituição:

$$r = x_e/L$$

b) Coeficiente permanente:

$$s = x_p/L$$

Somando as duas últimas expressões, obtém-se que:

$$r + s = x_e/L + x_p/L = (x_e + x_p)/L = L/L$$

Logo vem que:

$$r + s = 1$$

Quando não há coeficiente de deformação permanente (**s = 0**), o corpo é denominado elástico. Nestas condições temse que:

$$r = 1$$

Se não há coeficiente de restituição (**r = 0**), o corpo é denominado plástico. Portando resulta que:

$$s = 1$$

4. Conclusão

Diante de tudo o que foi exposto pode-se definir um corpo elástico como sendo aquele que se restitui totalmente da formação sofrida pela ação da força externa aplicada sobre ele. Decorrendo disso que seu coeficiente de restituição elástica é expresso por:

$$r = 1(100\%)$$

Nessas condições sua deformação permanente é nula, conforme a seguinte igualdade:

$$s = 0$$

Já o corpo plástico, como por exemplo, a argila, não se restitui, tendo coeficiente de restituição elástica nula (**r = 0**). Nessa situação, sua deformação é permanente, sendo expressa pela seguinte igualdade:

$$s = 1(100\%)$$

13. Movimento Harmônico Amortecido

1. Introdução

Costuma-se afirmar que um ponto material efetua movimento harmônico amortecido quando, a amplitude do oscilador diminui no decorrer do tempo.
Essa diminuição de amplitude é provocada pelas chamadas força dissipativas (atrito, resistência do ar e a própria estrutura do corpo elástico).

2. Comparação Energética

Em dois ciclos sucessivos de um oscilador em movimento harmônico amortecido, a energia potencial elástica do primeiro ciclo sempre é maior do que a energia potencial elástico do ciclo seguinte e assim sucessivamente.
Simbolicamente pode-se escrever a seguinte definição:

$$E > e$$

3. Energia Potencial Elástica

A energia potencial elástica é igual à metade da constante elástica multiplicada pelo quadrado da deformação.
Simbolicamente pode-se escrever que:

$$E = k . X^2/2$$

4. Relação Entre Ciclos

No movimento harmônico amortecido, a relação entre dois ciclos sucessivos podem ser expressos pela seguinte igualdade:

$$e/E = (k \cdot x^2/2)/(k \cdot X^2/2)$$

Eliminando os termos em evidência, resulta que:

$$e/E = x^2/X^2$$

Desse modo pode-se escrever que:

$$x = X \cdot \sqrt{(e/E)}$$

5. Amortecimento

O amortecimento entre dois ciclos sucessivo de um oscilador é igual ao quociente da energia potencial elástica do ciclo menor, inversa pela energia potencial do ciclo maior. Simbolicamente o referido enunciado é expresso por:

$$W = e/E$$

O amortecimento é expresso em porcentagem. Se não houver forças dissipativas ($e = E$), o amortecimento é expresso por:

$$W = 1 \ (100\%)$$

Quando isto ocorre o movimento do oscilador é harmônico simples.

6. Relação

A relação entre ciclos e o amortecimento permite a seguinte apresentação:
Sabe-se que:

$$x = X . \sqrt{(e/E)}$$

Também foi demonstrado que:

$$W = e/E$$

Substituindo convenientemente as duas últimas expressões, resulta que:

$$x = X . \sqrt{W}$$

7. Redução de Ciclo

A redução de ciclo é uma grandeza física definida como sendo igual à diferença matemática entre a energia potencial elástica do ciclo maior pela energia potencial elástica do ciclo menor, inversa pela energia potencial elástica do ciclo maior.
Simbolicamente o referido enunciado é expresso por:

$$C = (E - e)/E$$

Que simplificado resulta na seguinte expressão;

$$C = 1 - (e/E)$$

Entretanto foi demonstrado no presente estudo que:

$$W = e/E$$

Substituindo convenientemente as duas últimas expressões, resulta que:

$$C = 1 - W$$

Portanto, a redução de ciclo de um oscilador é igual à diferença entre o número "um" pelo amortecimento.

14. Choques Entre Corpos

1. Introdução

Quando ocorre o chamado "choque central direto" entre dois corpos, há modificações tanto nas suas formas como nas suas velocidades.

Isaac Newton demonstrou que no choque central entre dois corpos, o coeficiente de restituição é expresso pela seguinte relação:

$$e = (v_2 - v_1)/(V_2 - V_1)$$

Onde:

a) $(V_2 - V_1)$ são as velocidades dos corpos "antes" do choque.

b) $(v_2 - v_1)$ são as velocidades "depois" do choque.

No choque perfeitamente elástico, o coeficiente de restituição é expresso da seguinte forma:
$$e = 1 \ (100\%)$$

2. Redução de Velocidade

A redução de velocidade no choque central direto é definida pela seguinte expressão:

$$R = [(V_2 - V_1) - (v_2 - v_1)]/(V_2 - V_1)$$

Simplificando a referida expressão obtêm-se a seguinte:

$$R = 1 - [(v_2 - v_1)/(V_2 - V_1)]$$

3. Relação

A relação entre a redução de velocidade (**R**) e o coeficiente de restituição é obtida da seguinte forma:
Sabe-se que:

$$R = 1 - [(v_2 - v_1)/(V_2 - V_1)]$$

Sabe-se que:

$$e = (v_2 - v_1)/(V_2 - V_1)$$

Portanto, substituindo convenientemente as duas últimas expressões, obtém-se que:

$$R = 1 - e$$

Logo se conclui que a redução de velocidade entre dois corpos que se chocam é igual ao valor numérico "um" menos o coeficiente de restituição.

15. Choques Mecânico

1. Introdução

Considere que uma esfera seja liberada de certa altura (**H**). Ao cair, se choca contra um plano horizontal fixo, retornando para o alto, quando atinge uma nova altura (**h**). Nestas circunstâncias o chamado coeficiente de restituição (**e**) é igual à raiz quadrada da relação entre a altura posterior pela anterior.

Simbolicamente o referido enunciado é expresso por:

$$e = \sqrt{h/H}$$

Se o choque for perfeitamente elástico, a esfera voltará à mesma altura de que foi solta. Neste caso o coeficiente de restituição será expresso por:

$$e = 1(100\%)$$

2. Índice Elástico

O índice elástico de uma esfera é definido como sendo igual ao quociente da altura posterior, inversa pela altura anterior.

Simbolicamente o referido enunciado é expresso pela seguinte relação:

$$i = h/H$$

3. Relação (I)

A relação entre o coeficiente de restituição e o índice elástico pode ser apresentada da seguinte forma:

Foi definido que:

$$e = \sqrt{h/H}$$

$$i = h/H$$

Substituindo convenientemente as duas últimas expressões, resulta que:

$$e = \sqrt{i}$$

Logo se pode conclui que o coeficiente de restituição é igual à raiz quadrada do índice elástico da esfera.

4. Grau de Alcance

O grau de alcance é a grandeza física definida como sendo igual à diferença entre a altura anterior pela altura posterior, inversa pela altura anterior.

Simbolicamente o referido enunciado é expresso pela seguinte equação:

$$u = (H - h)/H$$

Simplificando a referida expressão obtêm-se a seguinte:

$$u = 1 - (h/H)$$

5. Relação (II)

A relação entre grau de alcance e índice elástico permite obter a seguinte conclusão:

Foi demonstrado que:

$$u = 1 - (h/H)$$

Também foi definido que:

$$i = h/H$$

Substituindo convenientemente as duas últimas expressões, resulta que:

$$u = 1 - i$$

Portanto conclui-se que o grau de alcance é igual ao número "um" menos o índice elástico.

6. Relação (III)

A relação entre o grau de alcance e o coeficiente de restituição é demonstrada da seguinte forma:

Foi demonstrado que:

$$u = 1 - i$$

Também foi apresentado que:

$$e = \sqrt{i}$$

Portanto pode-se escrever que:

$$e^2 = i$$

Logo substituindo convenientemente as expressões fundamentais, obtém-se que:

$$u = 1 - e^2$$

Desse modo fica demonstrado que o grau de alcance de uma esfera que se choca contra uma superfície horizontal fixo é igual ao número "um" menos o quadrado do coeficiente de restituição.

16. Choque Mecânico Semielástico

1. Introdução

Num choque mecânico semielástico, parte da quantidade de movimento é dissipada e parte é restituída para o corpo que se choca.

Portanto seja (Q_T) a quantidade de movimento que o corpo possuía antes do choque mecânico. Seja (Q_R) a quantidade de movimento restituída ao corpo após o choque mecânico e seja (Q_D) a quantidade de movimento dissipada durante o choque mecânico.

Isto de tal forma que:

$$Q_T = Q_R + Q_D$$

2. Noções de Dissipavidade e Restituividade

Para que se possa proceder a uma avaliação da proporção da quantidade de movimento total que sofre os fenômenos físicos de dissipação e restituição, podem-se definir as seguintes grandezas adimensionais: dissipavidade e restituividade.

3. Dissipavidade

A dissipavidade é igual à relação matemática entre a quantidade de movimento dissipada no momento da colisão pela quantidade de movimento total transportada pelo móvel antes do choque.

Simbolicamente o referido enunciado é expresso pela seguinte igualdade:

$$d = Q_D/Q_T$$

4. Restituividade

A restituividade é definida como sendo igual ao quociente da quantidade de movimento do móvel após o choque mecânico, inversa pela quantidade de movimento total que possuía antes do impacto.

O referido enunciado é expresso pela seguinte relação:

$$r = Q_R/Q_T$$

5. A Expressão Avaliatória

Somando as duas últimas grandezas adimensionais, obtém-se que:

$$d + r = (Q_D/Q_T) + (Q_R/Q_T) = (Q_D + Q_R)/Q_T = Q_T/Q_T$$

Portanto conclui-se que:

$$d + r = 1$$

Da referida expressão pode-se escrever que:

1º)
$$d = r - 1$$

$$d = 1 - (Q_R/Q_T)$$

2º)
$$r = 1 - d$$

$$r = 1 - (Q_D/Q_T)$$

17. Choques

1. Introdução

Suponha que corpo de massa (**m**) seja abandonado de uma altura (**x₁**) tomada em relação a uma superfície rígida, imóvel e horizontal. Sejam (**V₁**) a velocidade do corpo no instante imediatamente anterior ao do choque e (**v₂**) a velocidade do mesmo corpo no instante imediatamente posterior ao do choque com a superfície considerada. Seja ainda (**x₂**), a altura atingida pelo corpo após o choque.

2. Coeficiente de Restituição

Aplicando o princípio da conservação da energia mecânica total, respectivamente antes e após o choque; tem-se que:

a) $m \cdot g \cdot x_1 = (m \cdot V^2_1)/2 \Rightarrow V_1 = \sqrt{(2g \cdot x_1)}$

b) $(m \cdot v^2_2)/2 = m \cdot g \cdot x_2 \Rightarrow v_1 = \sqrt{(2g \cdot x_2)}$

O coeficiente de restituição é expresso por:

$$e = v/V$$

Portanto, pode-se escrever que:

$$e = \sqrt{(2g \cdot x_2)}/\sqrt{(2g \cdot x_1)}$$

Eliminando os termos em evidência, resulta que:

$$e = \sqrt{x_2/x_1}$$

Ou

$$e^2 = x_2/x_1$$

Assim, conclui-se que:

c) **(e = 1)**, implica que **(x₂ = x₁)** e o choque é chamado de perfeitamente elástico.

d) **(e = 0)**, implica que **(x₂ = 0)** e o choque é chamado de inelástico.

e) **(0 < e < 1)**, implica que **(x₂ < x₁)** e o choque é chamado de parcialmente elástico ou semielástico.

3. Equação Para o Choque Perfeitamente Elástico

O corpo ao ser abandonado de certa altura **(x)** está sujeito à ação da força gravitacional. Então aplicando a segunda lei de Newton, **(F = m . g)** e substituindo a aceleração **(g)** por **d²x/dt²** (= **dV/dt**), posso escrever que:

$$- F = m . d^2x/dt^2$$

Desse modo, vem que:

$$d^2x/dt^2 + F/m = 0$$

Porém o deslocamento do corpo é expresso pela equação de Galileu.

$$dx = (\tfrac{1}{2}) . g . dt^2$$

Como **(g = F/m)**, posso escrever que:

$$dx = F/2m . dt^2$$

Isolando a força, posso escrever que:

$$F = 2m \cdot dx/dt^2$$

Logo vem que:

$$d^2x/dt^2 + 2m \cdot dx/dt^2 \cdot m = 0$$

Então, resulta que:

$$d^2x/dt^2 + 2 \, dx/dt^2 = 0$$

Naturalmente, posso escrever que:

$$(d^2x + 2dx)/dt^2 = 0$$

Por envolver derivadas, tal equação é denominada diferencial.

Como o choque elástico sobre a superfície trata-se de um fenômeno periódico, posso afirmar que o período de cada choque é expresso por:

$$T = 2\sqrt{2x/g}$$

Naturalmente a frequência é o inverso do período, logo se pode escrever que:

$$1/f = 2\sqrt{2x/g}$$

Observe que o período é independente da massa do corpo.

4. Choque Semielástico

No caso semielástico, a cada choque que o corpo sofre, a altura que o mesmo atinge tende cada vez ser menor até anu-

lar-se. Na realidade, a altura da oscilação, decresce gradualmente até anular-se. Frequentemente o corpo entre em repouso devido a resistência do ar e de suas forças internas.
Como a força que se opõe ao movimento é expressa por:

$$- b\ (dx/dt)$$

Sendo (**b**) uma constante positiva. Então, posso escrever que:

$$m . d^2x/dt^2 + 2m . dx/dt^2 + b\ dx/dt = 0$$

Tal equação diferencial representa os estados de oscilações de choques semielásticos de um corpo sobre uma superfície.

5. Vida Média de Oscilações Semielásticas

Em casos perfeitamente elásticos a vida média das oscilações é infinita, enquanto que no caso semielástico ela é finita. Assim, o objetivo do presente parágrafo consiste em procurar encontrar a vida média de oscilações semielásticas nos casos de choques mecânicos.
Sabe-se que:

$$e = v_2/v_1$$

Como ($v = g . t$), posso escrever que:

$$e = g . t_2/g . t_1$$

Portanto, resulta que:

$$e = t_2/t_1$$

Também, verificou-se que:

$$e^2 = H_2/H_1$$

Naturalmente, numa experiência, conhecendo-se o valor de (**e**) e a altura (**H₁**) a qual o corpo é liberado, pode-se determinar a altura que o corpo se elevará após o choque.

Então, considerado sucessivamente as alturas (**H₁**, **H₂**, **H₃**, **H₄**, **H₅**), posso escrever para cada uma em sua sucessão, o seguinte:

$$H_2 = e^2 . H_1$$

$$H_3 = e^2 . H_2, \text{ portanto } H_3 = e^2 . e^2 . H_1, \text{ ou } H_3 = 2e^2 . H_1$$

$$H_4 = e^2 . H_3, \text{ portanto } H_4 = e^2 . e^2 . e^2 . H_1, \text{ ou } H_4 = 3e^2 . H_1$$

$$H_5 = e^2 . H_4, \text{ portanto } H_5 = e^2 . e^2 . e^2 . e^2 . H_1, \text{ ou } H_5 = 4e^2 . H_1$$

Generalizando os referidos resultados, posso escrever que:

$$H_n = (n - 1) . e^2 . H_1$$

Tal expressão é denominada por equação de Leandro; ela permite calcular uma altura qualquer (**H_n**) em qualquer número de oscilação (**n − 1**), bastando ter conhecimento da altura inicial (**H₁**) e do coeficiente de restituição (**e**).

A vida média de oscilações é expressa por:

$$(n - 1) = H_u/(e^2 . H_1)$$

Onde a letra (**H_u**), representa o valor a última altura do corpo, antes de entrar em repouso.

A relação matemática entre a amplitude de uma oscilação (altura que o corpo atinge após cada colisão) e a da oscilação precedente sempre se mantém constante. Pode-se, partindo dessa lei mostrar que a amplitude (altura) da oscilação varia exponencialmente, ou seja:

$$H_n = H_0 . e^{-x} . sen\ \alpha$$

18. Modulo de Amortecimento

1. Introdução

Considere uma mola com um peso em uma de suas extremidades. Ao provocar um movimento harmônico simples, o sistema com o decorrer do tempo tende a entrar em repouso, devido ao atrito e a resistência do ar e de forças internas do sistema.

2. Definição

Vou considerar uma mola, que sofra uma deformação (ΔL). Ao liberar o sistema ele realiza um movimento harmônico amortecido; pois ao completar o segundo ciclo, a oscilação apresenta uma deformação (Δl < ΔL). Se não existisse resistência, a mola no segundo ciclo tomaria à mesma deformação inicial (ΔL).

De acordo com uma expressão matemática, a variação da deformação inicial (ΔL) é igual à intensidade elástica pela variação de força empregada na deformação.

Simbolicamente, posso escrever que:

$$\Delta L = i . \Delta F$$

Imediatamente no segundo ciclo, após a restituição a mola toma uma nova deformação expressa por:

$$\Delta l = i . \Delta f$$

3. Módulo

Defino o módulo de amortecimento como sendo igual à relação existente entre uma deformação posterior por uma deformação anterior.
Simbolicamente, posso escrever que:

$$M = \Delta L/\Delta l$$

Ou seja:

$$M = \Delta L_2/\Delta L_1$$

Naturalmente, posso concluir, também que:

$$M = i \cdot \Delta F_2/i \cdot \Delta F_1$$

Eliminando os termos em evidência, vem que:

$$M = \Delta F_2/\Delta F_1$$

4. Energia Dissipada

A energia potencial de uma mola é igual à metade do valor da constante de Robert Hook em produto com o quadrado da deformação.
Simbolicamente, escreve-se que:

$$E = k \cdot \Delta L^2/2$$

Para se calcular a energia dissipada no sistema em questão, entre um ciclo e outro, basta conhecer a energia do ciclo anterior e do posterior e tirar a diferença matemática.
Assim, posso escrever que:

a) $E_1 = k \cdot \Delta L^2_1/2$

b) $E_2 = k \cdot \Delta L^2_2/2$

Sendo ($E_2 > E_1$), posso escrever que a energia dissipada entre dois ciclos no movimento harmônico amortecido é expressa por:

$$W = E_2 - E_1 = (k \cdot \Delta L^2_2/2) - (k \cdot \Delta L^2_1/2)$$

Assim, vem que:

$$W = (k/2) \cdot (\Delta L^2_2 - \Delta L^2_1)$$

Como o módulo de amortecimento é expresso por:

$$M = \Delta L_2/\Delta L_1$$

Posso escrever que:

$$M^2 = \Delta L^2_2/\Delta L^2_1$$

Assim, vem que:

$$W = (k/2) \cdot (M^2 \cdot \Delta L^2_1 - \Delta L^2_1)$$

Logo, resulta que:

$$W = (k \cdot \Delta L^2_1/2) \cdot (M^2 - 1)$$

Como ($E_1 = k \cdot \Delta L^2_1/2$), posso escrever que:

$$W = E_1 \cdot (M^2 - 1)$$

www.ingramcontent.com/pod-product-compliance
Lightning Source LLC
Chambersburg PA
CBHW072149170526
45158CB00004BA/1563